全国职业院校烹饪专业教材

面点技术习题册

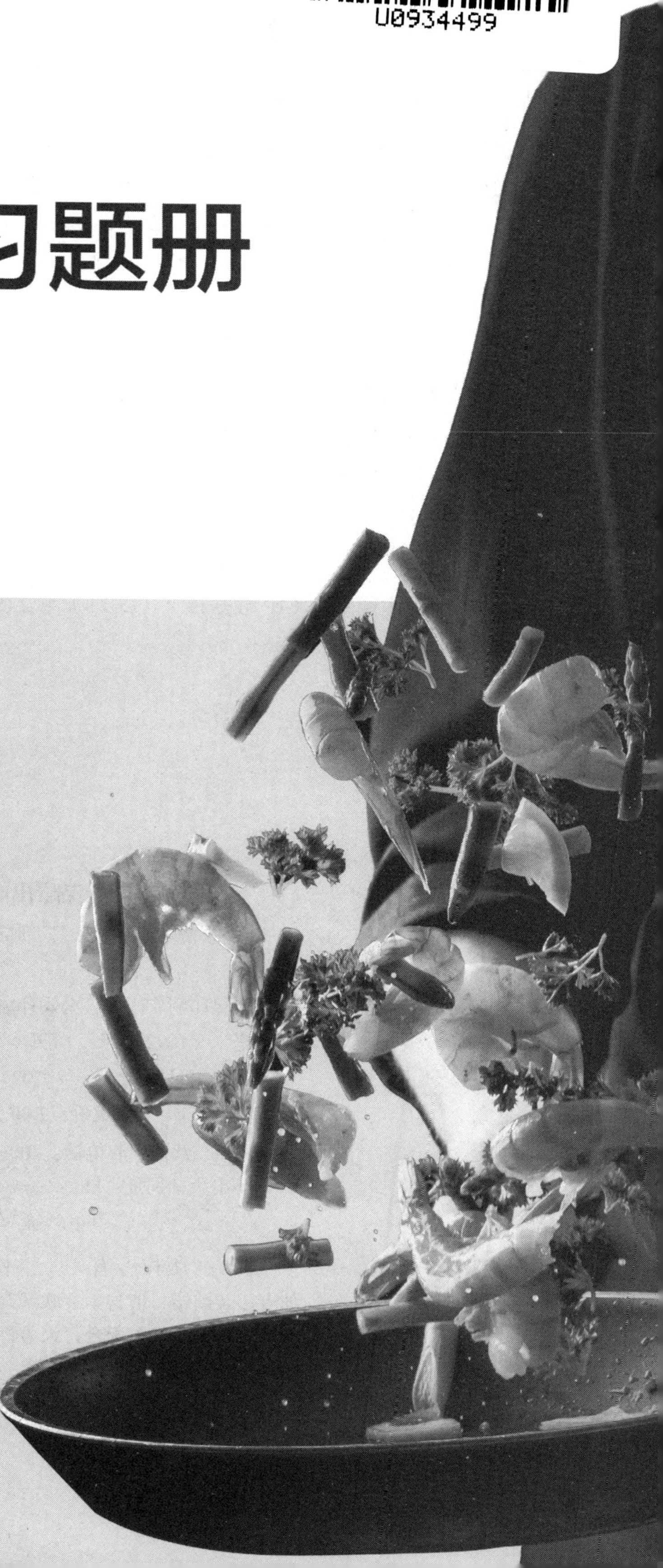

孙长杰　主编

中国劳动社会保障出版社

简　介

本习题册根据职业院校烹饪专业学生的特点，参照国家相关职业标准和行业岗位技能鉴定规范编写，与全国职业院校烹饪专业教材《面点技术》配套使用。本习题册按照教材章的顺序编排，包含填空题、判断题、选择题、名词解释、简答题、实训题等多种题型，供学生课后练习使用。

本习题册由孙长杰任主编。

图书在版编目（CIP）数据

面点技术习题册 / 孙长杰主编. -- 北京：中国劳动社会保障出版社，2021

全国职业院校烹饪专业教材

ISBN 978-7-5167-5204-3

Ⅰ. ①面… Ⅱ. ①孙… Ⅲ. ①面点 - 制作 - 中等专业学校 - 习题集 Ⅳ. ①TS972.116-44

中国版本图书馆 CIP 数据核字（2021）第 245213 号

中国劳动社会保障出版社出版发行

（北京市惠新东街 1 号　邮政编码：100029）

*

北京市科星印刷有限责任公司印刷装订　　新华书店经销

787 毫米 × 1092 毫米　16 开本　3.75 印张　66 千字

2021 年 12 月第 1 版　　2024 年 12 月第 5 次印刷

定价：7.00 元

营销中心电话：400-606-6496

出版社网址：http://www.class.com.cn

http://jg.class.com.cn

版权专有　　侵权必究

如有印装差错，请与本社联系调换：(010) 81211666

我社将与版权执法机关配合，大力打击盗印、销售和使用盗版图书活动，敬请广大读者协助举报，经查实将给予举报者奖励。

举报电话：(010) 64954652

目 录

第一章 概　　述

一、填空题

1.__________时期，初步包扎技术开始在面点制作中应用。

2. 宋元时期，我国面点制作技术的提高主要表现在面团制作、__________、__________、__________和成熟方法等的多样化。

3.__________时期出现的面点品种有月饼、卷煎饼、烧卖、元宵、麻团、油炸果子等。

4. 目前，我国面点的主要风味流派有__________、__________、__________和__________四大类。

5. 面点制作的基本技术动作包括__________、__________、__________、__________、__________和__________六项。

6. 手工和面的技法大体上可分为__________、__________和搅和法三种。

7. 揉面的六个动作中，__________主要用于油酥面团和部分米粉面团。

8. 揉面的六个动作中，使用叠的手法主要是为了防止面团在制作过程中__________，避免面团内部过于紧密，影响__________效果。

9. 搓条的基本要求是__________、__________、__________。

10. 下剂必须做到__________均匀，__________一致，__________正确。

11. 挖剂又叫__________，常用于剂条较__________、坯剂规格较__________的品种。

12. 拉剂也叫__________，常用于主坯比较__________，不能__________也不能__________的情况。

13. 制皮的方法有按皮、__________、__________、__________、__________和__________。

14. 上馅的方法大体分为包上法、__________、__________、__________和__________等。

15. 上馅在有些地区叫__________、__________或__________。

16. 滚沾法有__________和__________两种，藕粉丸子采用__________滚沾，元宵采用__________滚沾。

二、判断题

1. 面点是面食与点心的总称，在中餐行业中称为“红案”。（ ）

2. 从汉代开始，发酵技术逐渐在面点制作中被应用。（ ）

3. 隋唐五代时期出现了包子、饺子、春饼等面点品种，西域饮食传入中原，我国蒸饼等也传入日本。（ ）

4. 隋唐五代时期，面点已入宴席，而且节日面点品种较为齐全。（ ）

5. 明清时期出现的面点品种有月饼、卷煎饼、烧卖、元宵、麻团、油炸果子等。（ ）

6. 明清时期出现了以面点为主的宴席。（ ）

7. 目前，我国面点的主要风味流派有京式面点、苏式面点、广式面点和南式面点四种。（ ）

8. 京式面点用料丰富，以麦面为主。（ ）

9. 苏式面点品种众多，制作精细，制馅多用水打馅。（ ）

10. 京式面点是指黄河以南的大部分地区制作的面点。（ ）

11. 京式面点的代表品种有三丁包子、翡翠烧卖、汤包、千层油糕、船点等。（ ）

12. 京式面点的代表品种有抻面、都一处烧卖、狗不理包子、清宫仿膳的肉末烧饼、艾窝窝等。（ ）

13. 苏式面点品种繁多，制作精美，季节性强，馅心注重掺“冻”，汁多肥嫩。（ ）

14. 苏式面点是指长江中下游江浙一带地区制作的面点。（ ）

15. 广式面点的代表品种有虾饺、叉烧包、马拉糕、娥姐粉果、莲蓉甘露酥、荷叶饭等。（ ）

16. 和面的方法分为机器和面和手工和面两大类。（ ）

17. 由于面团的性质和品种的要求不同，下剂的手法也应有所区别，在操作上有揪剂、挖剂、拉剂、切剂、剁剂等技艺。（ ）

18. 拢上法上馅的特点是馅心较多，放在中间，上好后拢起捏住，不封口，要露馅。（ ）

三、选择题

1. （ ）时期出现了以面点为主的宴席。

A. 明清　B. 宋元　C. 春秋、战国　D. 隋唐五代

2. （ ）原料品种丰富，馅心多样，制法特别，使用糖、油、蛋较多，季节性强。

A. 京式面点　　B. 苏式面点　　C. 广式面点　　D. 晋式面点

3.（　　）的特点是用料广泛，制法多样，口感上注重咸、甜、麻、辣、酸等味。

A. 京式面点　　B. 苏式面点　　C. 鲁式面点　　D. 川式面点

4.（　　）的代表品种有赖汤圆、担担面、龙抄手、钟水饺、提丝发糕、八宝枣糕等。

A. 京式面点　　B. 豫式面点　　C. 广式面点　　D. 川式面点

5.（　　）可使面团进一步均匀、增劲、柔润、光滑或酥软等，是调制面团的关键。

A. 和面　　B. 揉面　　C. 搓条　　D. 下剂

6. 揉面时要全身用力，特别是要用（　　）。

A. 臂力　　B. 腕力　　C. 腰力　　D. 腿力

7.（　　）皮是一种简单的制皮法，即将下好的剂子立起来，用手指轻压一下，然后再用手掌沿着剂子周围着力拍。

A. 按　　B. 拍　　C. 擀　　D. 压

8.（　　）是最常用的上馅法，如包子、饺子等大多数品种都采用这种方法。

A. 包上法　　B. 拢上法　　C. 夹上法　　D. 卷上法

9. 采用（　　）上馅，即一层粉料一层馅，上馅均匀而平，可以夹上多层。

A. 包上法　　B. 拢上法　　C. 夹上法　　D. 卷上法

10. 采用（　　）上馅，对稀糊面的制品，则要先蒸熟一层后上馅，再铺一层。

A. 包上法　　B. 拢上法　　C. 夹上法　　D. 卷上法

11.（　　）上馅时，将面剂擀成一片，全部抹馅（一般是细碎丁馅和软馅），然后卷成筒形，再熟制后切块，露出馅心。

A. 包上法　　B. 拢上法　　C. 夹上法　　D. 卷上法

四、名词解释

1. 面点

2. 京式面点

3. 苏式面点

4. 广式面点

5. 川式面点

6. 和面

7. 揉面

8. 下剂

五、简答题

1. 中式面点制作技术有哪些特点?

2. 手工和面的要领有哪些?

3. 手工和面的质量要求是什么?

4. 揉面时应采用怎样的姿势和手法?

5. 用搅和法调制面团时应注意什么?

6. 写出面点操作的一般程序和面点制作常见的工艺流程。

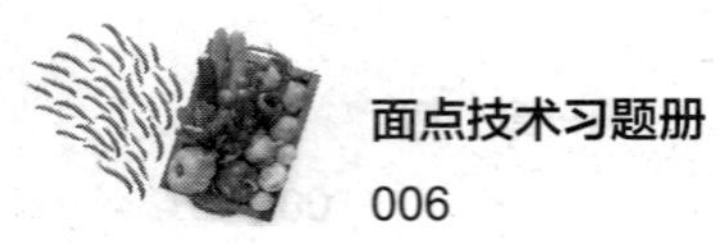

六、实训题

1. 用抄拌法和面。

（1）要分几次加水?

（2）“雪花面”是什么状态?

2. 用揉的动作揉面。

（1）揉时的一般手法是什么?

（2）揉时怎样操作才省力?

第二章　面团的成团原理、调制技术及运用

一、填空题

1. 调制冷水面团时，要根据不同品种的要求、__________、__________和__________等灵活掌握水量。

2. 揉好面团后适当饧面，面团就不会有__________，还能使没有__________的面筋进一步得到__________，面筋得到松弛，延伸性__________，使面团更加__________、__________、__________、富有强性。

3. 调制温水面团的质量要求包括：__________，并有一定的__________和__________。

4. 调制热水面团的质量要求包括：__________、__________和__________。

5. 根据面团内部气体产生方法的不同，膨松面团大致可分为__________、__________和__________。

6. 酵种（又称__________、__________等），即前一次用剩的__________。

7. 纯酵母菌有__________、__________和活性干酵母三种。

8. 一次发酵法又称__________，是指和面时按配方__________制成面团进行发酵的方法。

9. 酵种发酵正常的面团，用手按时感觉面团有__________，质地__________，切开后剖面有许多__________，可嗅到__________味。

10. 二次发酵的发酵质量要求包括：发酵面团表面光滑，__________，__________，__________，有__________味。

11. 化学膨松剂主要有两大类：一类是__________，如小苏打、泡打粉等；另一类是__________等。

12. pH 值对蛋白质泡沫的形成和__________影响很大，在偏酸环境下泡沫较__________。

13. 油酥面团的成品具有膨大、__________、__________、__________等特点。

14. 常用的米粉有__________、粳米粉和__________三种。

15. 糕类粉团可分为__________、__________和加工粉团三种。

16. 团类粉团根据制品成形时坯样生熟的不同，分成__________和__________两种。

17. 发酵粉团在广式糕点中较常见，此种粉团具有发酵面团的特征，内有__________，膨大松软，有__________味，制作成品时需要__________。

18. 制作油酥面团时，油脂一般使用__________。

19. 明酥可由圆酥、__________、__________和__________等表现。

二、判断题

1. 根据调制面团时所用水温的不同，水调面团可分为冷水面团、温水面团和热水面团。（　　）

2. 一般饧面需要 5 分钟左右。（　　）

3. 调制冷水面团的质量要求包括：光洁、均匀、韧性强、延伸性好。（　　）

4. 温水面团常用于制作家常饼、花式蒸饺等。（　　）

5. 热水面团主要用于制作锅贴、烧卖、薄饼、空心饽饽等。（　　）

6. 生物膨松面团分为酵母发酵面团和酵种发酵面团。（　　）

7. 酵母用量过少，发酵时间太长；酵母用量过多，其繁殖率反而下降。所以，酵母的使用量一般以加入面粉量的 1% 左右为宜。（　　）

8. 酵种发酵面团的种类较多，有大酵面、嫩酵面、小酵面、戗酵面和烫酵面等。（　　）

9. 发酵不足的酵面，用手按时感觉面团硬实不膨松，切开后剖面无孔或孔小而少，有浓的酒香味。（　　）

10. 新鲜的蛋浓厚蛋白多、稀薄蛋白少，起泡性差；陈旧的蛋浓厚蛋白少、稀薄蛋白多，起泡性好。（　　）

11. 一般来说，鲜蛋白在 30 ℃时起泡性最好，黏度也最稳定。（　　）

12. 一般搅打器具的搅打速度越快，搅打器具接触面越广，则起泡速度越慢。（　　）

13. 面粉加入蛋泡糊的方法是：将面粉过筛加入蛋泡糊中，搅拌时要较快，利于面糊生筋。（　　）

14. 油酥面团是指以面粉和油脂作为主要原料，再配以水、辅料（如鸡蛋、白糖、化学膨松剂等）调制而成的面团。（　　）

15. 发酵粉团是指用籼米粉、面粉、水、白糖等调制，经过保温发酵而制成的

粉团。 （ ）

16. 糯米粉、粳米粉一般不能用来制作发酵制品。 （ ）

三、选择题

1. 调制热水面团时，水温必须要高于（ ）℃。

A. 0　B. 30　C. 60　D. 90

2. 调制热水面团时要散尽面团中的（ ）。

A. 干粉　B. 水分　C. 热气　D. 盐分

3. 用酵种发酵的面团会产生（ ）。

A. 甜味　B. 酸味　C. 苦味　D. 辣味

4. 热水面团揉面时只要揉匀即可，多揉则生筋，就会失去（ ）的特点。

A. 醮面　B. 烫面　C. 煮面　D. 烤面

5. 乳酸菌在（ ）℃时繁殖较快，此时面团酸度将增高。

A. 17　B. 27　C. 37　D. 47

6. 醋酸菌最适合的生长温度为（ ）℃。

A. 15　B. 25　C. 35　D. 45

7. 酵面的发酵程度主要通过（ ）来鉴定判断。

A. 触觉　B. 嗅觉　C. 味觉　D. 感观

8.（ ）的酵面用手按时易断，无筋力，切开后剖面孔洞多而密，酸味很重。

A. 发酵过头　B. 发酵不足　C. 发酵正常　D. 发酵停止

9.（ ）的酵面用手按时感觉面团硬实不膨松，切开后剖面无孔或孔小而少，酒香味无或少。

A. 发酵过头　B. 发酵不足　C. 发酵正常　D. 发酵停止

10. 使用油、糖、蛋较多的面团的膨松一般使用（ ）。

A. 生物膨松法　B. 化学膨松法　C. 物理膨松法　D. 酵母膨松法

11. 碱液的浓度要适当，若是泡碱，一般是 500 克碱块加水（ ）毫升。

A. 100 ~ 150　B. 150 ~ 200　C. 200 ~ 250　D. 250 ~ 300

12. 调制不需要面筋网络的化学膨松面团只能用复（ ）的方法使之成团，否则就会生筋，不利于成品松发。

A. 揉　B. 搓　C. 摔　D. 叠

13.（ ）面团根据调搅介质的不同，分为蛋泡面团和蛋油面团。

A. 水调　B. 发酵　C. 物理膨松　D. 化学膨松

14.（ ）是一种亲水胶体，具有良好的起泡性能。

A. 蛋黄　　B. 蛋白　　C. 蛋粉　　D. 冰蛋

15. 油脂的表面（　　）很大，而蛋白泡沫很薄，当油脂接触蛋白泡沫时，油脂的表面（　　）大于蛋白膜本身的延伸力而将蛋白膜拉断，气泡消失。

A. 拉力　拉力　　B. 重力　重力　　C. 张力　张力　　D. 推力　推力

16. 蛋油面团面糊的最佳温度为（　　）℃，这种温度的面糊烤出的蛋糕膨松性好、内部组织细腻。

A. 12　　B. 22　　C. 32　　D. 42

17.（　　）的颗粒越小，油脂打发时间越短，油脂结合空气的能力越强。

A. 面粉　　B. 蛋　　C. 油　　D. 糖

18. 调制酥皮面团时，一般情况下，面筋含量（　　）的面粉要多加油。

A. 高　　B. 中　　C. 低　　D. 特低

19. 调制澄粉面团时，澄粉与沸水的质量比约为（　　）。

A. 1∶1.1　　B. 1∶1.2　　C. 1∶1.3　　D. 1∶1.4

四、名词解释

1. 面团

2. 水调面团

3. 膨松面团

4. 生物膨松面团

5. 化学膨松面团

6. 物理膨松面团

7. 油酥面团

8. 明酥

9. 暗酥

10. 单酥类面团

11. 糕类粉团

12. 团类粉团

13. 发酵粉团

14. 澄粉面团

15. 杂粮面团

五、简答题

1. 写出面团的分类。

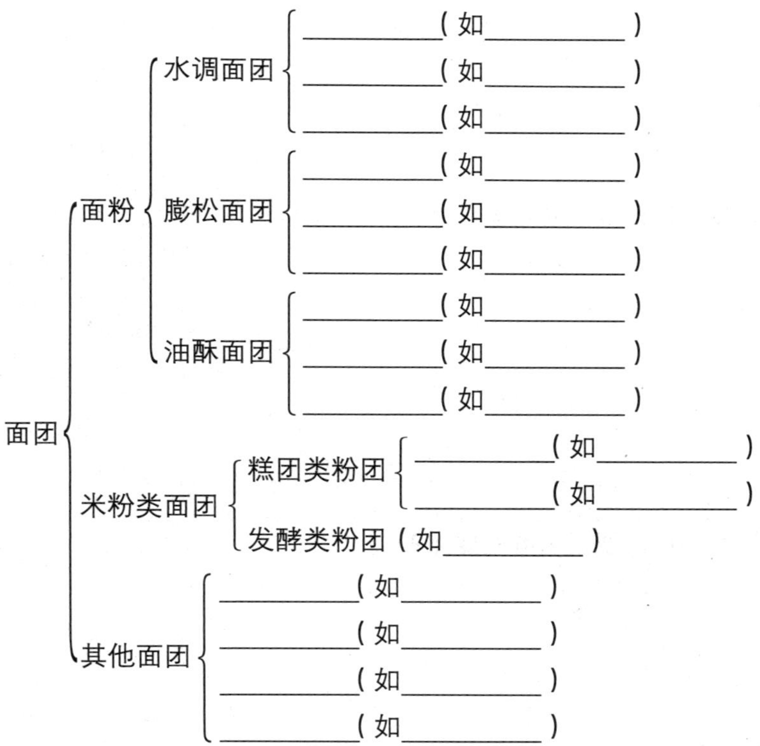

2. 冷水面团是怎样成团的？它有哪些特性？

3. 热水面团是怎样成团的？它有哪些特性？

4. 温水面团是怎样成团的？它有哪些特性？

5. 调制冷水面团时要注意哪些要点？

6. 调制温水面团时要注意哪些要点？

7. 调制热水面团时要注意哪些要点?

8. 面团要膨松，必须具备哪两个条件?

9. 简述发酵面团的发酵原理。

10. 影响面团发酵的因素有哪些?

11. 写出酵种发酵面团的调制方法、特点及用途。

酵面种类	调制方法	特点	用途
大酵面			
嫩酵面			
戗酵面			
碰酵面			
烫酵面			

12. 写出验碱的感观鉴定法。

方法	加碱量	面团特征
嗅	正碱	
	碱大	
	碱小	
尝	正碱	
	碱大	
	碱小	
看	正碱	
	碱大	
	碱小	
听	正碱	
	碱大	
	碱小	
试（蒸）	正碱	
	碱大	
	碱小	

13. 调制化学膨松面团时要掌握哪些要点?

14. 搅打蛋液时，影响泡沫形成的因素有哪些?

15. 调制酥皮面团时，在起酥阶段要掌握哪些要点?

16. 油酥面团可分为哪些种类?

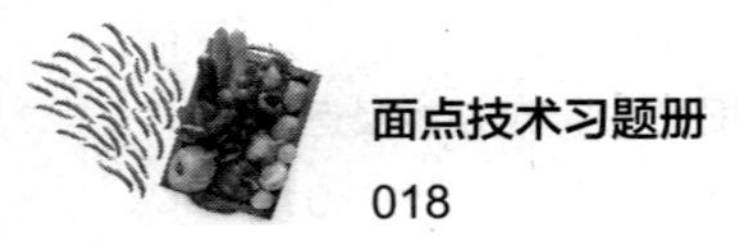

六、实训题

1. 制作“鲜肉水饺”。

（1）调制面团时，应如何控制水温?

（2）如何控制面团的软硬程度?

（3）鲜肉水饺有哪些特点?

2. 制作“蟹黄蒸饺”。

（1）调制面团时要掌握哪些要点?

（2）蟹黄蒸饺有哪些特点?

3. 制作“藕丝酥”。

（1）简述调制干油酥、水油酥的要点。

（2）怎样才能制好酥皮制品?

4. 生物膨松法可以代替化学膨松法吗?

5. 讨论怎样才能进一步提高面团调制技术。

第三章　制馅技术

一、填空题

1. 馅心种类很多，花色不一，按口味可分为咸味馅、__________等，按原料可分为__________、肉馅、__________、__________、果实蜜饯馅等。

2. 通常，蔬菜馅心制作要降低__________，增加__________；生肉类馅心要减少__________，增加__________；熟馅心用__________来增加黏度。

3. 馅料要细碎，这是制作馅心的共同要求。也就是说，馅料宜__________不宜__________、宜__________不宜__________。

4. 咸馅是普遍制作的馅，用料最广，种类最多。咸馅按使用原料性质来划分，一般有菜馅、__________和__________。

5. 甜馅按其制作方法分为__________和__________两大类。

6. 熟甜馅因加工中将其制成__________状，所以也常称为泥蓉馅。熟甜馅是制作__________和花色点心的理想馅料。它具有细软、__________、__________、__________的风味特点，常见的有豆沙、枣泥、山药泥、莲蓉等馅。

7. 三丁馅中三丁的比例、大小要恰当：__________＞__________＞__________。

8. 制馅过程中部分原料带有一定的不良气味，且肉质老嫩不一，如牛羊肉要用__________解膻，并配以香味浓郁的辅料以增香；纤维粗的牛肉可适当加入__________腌制，使肉质变嫩。

9. 生咸馅用料一般多以禽类、__________、__________等动物性原料及__________为主，多加工成茸状。

10. 制作鲜肉馅时，肉馅的吃水量应灵活掌握。肉馅的肥瘦比例以__________或__________为宜，肉馅心以__________为宜。

11. 生咸馅多加工成__________状。为使馅心更加鲜嫩，卤汁丰富，调制过程中常常加__________及__________。

12. 生咸馅如果使用的植物性原料较多，则应先腌渍以去除__________。在调制馅心时还必须增加黏度，此时可加入蛋黄、__________、__________、动物性脂肪等。

13. 制浆技术主要包括__________技术和__________技术。

14. 炒制豌豆馅的锅不能用__________，最好用__________，以防变色，铲用__________。

二、判断题

1. 制馅时，如果水分大、黏性差，则影响面点品质，口味差，也不利于包捏。 (　　)
2. 制馅选料要适当，如猪肉最好选用后腿部分，瘦肉多，口感好。 (　　)
3. 生菜素馅可多用荤油，也可在调馅时用麻酱、黄豆酱等以增加黏性。 (　　)
4. 干贝最好采用隔水蒸的方法涨发。 (　　)
5. 制作豆沙馅煮豆时，水要一次性加足，如果中途加水，应使用凉水。 (　　)
6. 制作豆沙馅的煮豆环节放碱比较科学，符合营养要求。 (　　)
7. 制作糖膏时，蛋清必须打得充分起发。 (　　)
8. 用于挤花的糖膏应降低蛋清比例，加大白糖粉量，这样可塑性强。 (　　)
9. 搅打鲜奶油时要在低温下进行，夏天需要放在碎冰块上搅打。 (　　)
10. 膏状物质是较高档的裱花和夹层材料。 (　　)
11. 用汤匙舀少许熬好的果酱滴在盘子上，晾凉后待其凝结。用手指推动时，如果酱表面不起皱，表明果酱已熬好。 (　　)
12. 半皮半馅品种的皮料和馅料所占的比例分别是：皮料占 30% ~ 40%，馅料占 60% ~ 70%。 (　　)
13. 馅料要细碎，加工成小丁、小块、粒、茸、泥等。 (　　)
14. 馅心调味应比一般菜肴稍咸，如水饺、馄饨。 (　　)

三、选择题

1. 制馅时，如果水分大，则黏性（　　）。

A. 差　　B. 好　　C. 无影响　　D. 一般

2. 制作蔬菜馅心时，为增加黏度，对水分的要求是（　　）。

A. 降低水分　　B. 增加水分　　C. 无要求　　D. 水分越多越好

3. 馅心选料要适当，如猪肉最好选用（　　）。

A. 后腿部分　　B. 肥肉　　C. 瘦肉　　D. 前腿上段部分

4. 制作鲜肉馅时，肉馅的肥瘦比例以（　　）为宜。

A. 2∶8 或 3∶7　　B. 8∶2 或 7∶3　　C. 6∶4 或 5∶5　　D. 4∶6 或 5∶5

5. 制作三鲜馅调肉泥时，调味料和水加入的先后顺序为（　　）。

A. 先加水，后加调味料　　B. 先加调味料，后加水

C. 一起加　　D. 无所谓

6. 熟咸馅不适合用于（　　）。

A. 油酥　　B. 蒸饺　　C. 熟粉团　　D. 酵面

7. 糖膏是以（　　）为主料，加入其他辅料，经搅打而成的。

A. 白糖、蛋清　　B. 奶油、白糖　　C. 蛋黄、白糖　　D. 牛奶、白糖

8. 用于挤花的糖膏应（　　）蛋清比例，（　　）糖粉量，这样可塑性强。

A. 提高　加大　　B. 降低　减少　　C. 提高　减少　　D. 降低　加大

9. 制作糖膏时，白糖粉必须加工得（　　）。

A. 非常细　　B. 非常粗　　C. 粗细一般　　D. 无特殊要求

10. 油膏的主料是（　　）。

A. 奶油或人造奶油　　B. 奶油、白糖

C. 蛋黄、白糖　　D. 白糖、蛋清

11. 搅打鲜奶油时，对温度的要求为（　　）。

A. 常温　　B. 高温　　C. 低温　　D. 无特殊要求

12. 搅打鲜奶油时，对时间长短的要求是（　　）。

A. 越长越好　　B. 越短越好

C. 打成棉絮般的蓬松状态即可　　D. 无特殊要求

13. 淇淋利用（　　）作凝胶剂。

A. 淀粉　　B. 奶油　　C. 面粉　　D. 米粉

14. 制作糖浆时加入饴糖，小火加热至（　　）℃即可。

A. 100　　B. 115　　C. 120　　D. 130

15. 不同的水果由于含果胶的量不一样，加糖量会有差别，一般果胶含量高则加糖量（　　）。

A. 多　　B. 少　　C. 一般　　D. 无特殊要求

16. 轻馅品种的皮料与馅料所占比例分别是（　　）。

A. 皮料占 60% ~ 90%，馅料占 10% ~ 40%

B. 皮料占 60% ~ 80%，馅料占 20% ~ 40%

C. 皮料占 60% ~ 70%，馅料占 30% ~ 40%

D. 皮料占 50%，馅料占 50%

17. 重馅品种的皮料与馅料所占比例分别是（　　）。

A. 皮料占 20% ~ 40%，馅料占 60% ~ 80%

B. 皮料占 30% ~ 40%，馅料占 60% ~ 70%

C. 皮料占 60% ~ 80%，馅料占 20% ~ 40%

D. 皮料占 50%，馅料占 50%

18. 重馅品种中有一种是皮子具有较好的韧性，适用于包制大量馅料的品种。下面不属于这一类的是（　　）。

A. 水饺　　B. 蒸饺　　C. 烧卖　　D. 各色大包

19. 轻馅品种中有一种是皮料有显著的特色，而以馅料辅佐的品种。下面不属于这一类的是（　　）。

A. 开花包　　B. 蟹壳黄　　C. 盘香饼　　D. 烧卖

四、名词解释

1. 馅心

2. 生咸馅

3. 熟咸馅

4. 甜馅

5. 生甜馅

6. 熟甜馅

7. 膏浆

8. 糖膏

9. 油膏

10. 膏类

11. 果酱

12. 淇淋

五、简答题

1. 简述馅心的种类。

2. 简述馅心的制作要点。

3. 馅料为何要细碎?

4. 制馅时如何把握好馅心水分和黏性的关系?

5. 举例说明馅心的选料要求。

6. 简述生咸馅的选料和制作要求。

7. 简述生甜馅的选料要求及特点。

六、实训题

1. 制作“鲜肉馅”。

（1）怎样掌握肉馅的吃水量?

（2）谈谈鲜肉馅的质量要求。

2. 制作“豆沙馅”。

（1）制作豆沙馅的工艺流程是什么?

(2)制作过程中有哪些注意事项?

3. 制作“糖膏”。

(1)谈谈糖膏的制作要点。

(2)如何使用于挤花的糖膏的可塑性更强?

4. 谈谈如何使生咸馅既具有黏性又口感鲜嫩。

第四章　成形技术

一、填空题

1. 抻、__________、__________、__________统称为我国面食制作的四大成形技术。

2. 切常与擀、__________、__________、揉、__________等成形方法连用，主要用于面条、刀切馒头、花卷、糍粑等。

3. 切法运用最有特色的是切面，分为__________和__________两种。

4. 卷操作时常与__________、__________等连用，还常与__________、压、__________等配合成形。卷按制法可分为__________和__________两种。

5. 模具大致可分为__________、__________、__________和内模四类。

6. 模具成形大体可分为__________、加热成形和__________三类。

7. 捏塑法是指在坯皮包入馅心后，利用右手的拇指、食指，采取提褶捏、__________、__________、折捏、__________、__________、花捏等手法，捏塑成形的方法。

8. 立塑所用的主坯可以是米粉主坯，也可以是__________、__________、__________、杂粮主坯等。

9. 根据品种的不同要求，挤注时更换袋嘴上的挤注器，再通过挤、__________、__________、__________等手法，可形成不同形状的成品或半成品。

10. 因拨出的面条圆肚两头尖，入锅似小鱼入水，故叫作__________，又称"__________"，是流行于__________民间的一种特技水煮面食。

11. 凡是摊皮都要求张张__________、__________一致，不能粘锅和出现__________、__________等。

12. 揉的方法有__________和__________，形状一般有__________、__________、高桩形等。

二、判断题

1. 切以刀为主要工具，主要用于制作面条、刀切馒头、花卷、糍粑等。（　　）

2. 刀削面对和面的技术要求较严格，水、面的比例要求准确，一般每 500 克面粉掺冷水 250 克为宜。（　　）

3. 用拨法制作面食时，面要和得稍硬一些。（　）

4. 叠一般作为面皮或半成品分层间隔时的操作，如制作酥皮、花卷、千层糕等。（　）

5. 按可分为手指按和手掌按两种。手指按是指用食指、中指和无名指三指并排，均匀揿压面坯；手掌按是指用掌根按面坯。（　）

6. 采用平绘法制作面点时，若选用天然色素，必须随蒸随用，不可复蒸，否则会引起褪色；若以食用为主，必须注意卫生。（　）

7. 挤注与裱花的手法相似，均从西点引进，区别在于用途不同：挤注用于坯料成形；裱花则用于装饰，其艺术要求低于挤注。（　）

8. 挤注时要求用力得当、出料均匀、规格一致。（　）

9. 花式卷子、船点、花式包可采用夹的方法制作。（　）

10. 剪不可以在包馅以后的半成品上进行。（　）

11. 四喜饺制作采用扭捏的成形方法。（　）

12. 冠顶饺制作采用叠捏的成形方法。（　）

13. 提褶捏要求收口要轻，尽量保留褶花的完整，并且褶纹要均匀、整齐，如各式蒸包和煎包。（　）

14. 有些面皮叠制前抹油是为了隔层，因此要抹得多一些，而且要抹均匀。（　）

15. 擀片可采用面杖擀或杠子压，要求薄厚均匀，有些品种则要求片薄如纸。（　）

16. 糕制品切块可切成大小相同的正方形、长方形、菱形或其他形状，切时需落刀准、下刀快，保证成品整齐完整。（　）

17. 手工削面的具体方法是：先和好面，每 500 克面粉掺冷水 200 克为宜，冬增夏减，和好后饧面约半小时。（　）

18. 北方的摇元宵、江苏的藕粉圆子都是采用滚沾成形的方法。（　）

三、选择题

1. 拉面、龙须面主要采用（　）的成形方法。

A. 抻　　B. 切　　C. 削　　D. 拨

2. 制作（　）时需要先将面团抻成条或丝后再制作成形。

A. 麻花　　B. 赤豆糕　　C. 冠顶饺　　D. 金丝卷

3. 拨鱼面制作时，500 克面粉掺水（　）余克。

A. 500　　B. 400　　C. 300　　D. 200

4. 制作（　　）不采用叠的成形方法。

A. 酥皮　B. 花卷　C. 千层糕　D. 煎饼

5. 三鲜豆皮的摊制方法属于（　　）。

A. 手摊　B. 刮摊　C. 旋摊　D. 平摊

6. 制作（　　）不采用单卷法成形。

A. 卷筒酥　B. 麻花卷　C. 马鞍卷　D. 四喜卷

7. 制作（　　）不采用双卷法成形。

A. 如意卷　B. 蝴蝶卷　C. 四喜卷　D. 卷筒酥

8. 制作（　　）采用了推捏的手法。

A. 月牙蒸饺　B. 冠顶饺　C. 四喜饺　D. 一品饺

9. 手工切面面团要硬，可采用跳压的方法制作面团，可适量加（　　）。

A. 糖　B. 白醋　C. 盐和碱　D. 淀粉

10. 担担面是一种（　　）风味的面条。

A. 四川　B. 北京　C. 山西　D. 湖南

11. 按主要用于制作（　　）的包馅面点。

A. 形体较大　B. 形体较小　C. 较硬　D. 较软

12. 麻花酥的主要成形技法是（　　）。

A. 夹　B. 包　C. 拧　D. 剪

四、名词解释

1. 成形技术

2. 抻

3. 切

4. 削

5. 拨

6. 叠

7. 摊

8. 旋摊

9. 刮摊

10. 手摊

11. 擀

12. 按

13. 揉

14. 包

15. 提褶包法

16. 汤团包法

17. 卷

18. 单卷法

19. 捏塑法

20. 花捏

21. 模具成形

22. 滚沾

23. 镶嵌

24. 裱花

25. 平绘

26. 立塑

五、简答题

1. 简述刀削面的操作要点。

2. 简述叠的操作要领。

3. 摊具有哪两个特点?

4. 揉的操作要领是什么?

5. 简述烧卖包法的操作过程。

6. 卷的操作要领是什么？

7. 一般捏法的操作要点是什么？哪些品种操作时使用这种技法？

8. 捏塑法技艺要求较高，在制作时应注意哪些要点？

9. 简述剪的操作要求。

10. 简述立塑的应用范围。

11. 简述夹的成形方法。

12. 简述挤注的概念及操作方法。

13. 简述裱花的操作要领。

14. 简述双卷法的操作方法。

15. 简述单手揉的操作方法。

六、实训题

1. 制作“抻面”。

（1）简述抻面的操作过程。

（2）谈谈抻面的特点。

2. 制作“刀削面”。

（1）简述手工削面的操作过程。

（2）谈谈刀削面的口味及成形特点。

3. 谈谈如何提高面点立塑的艺术性。

第五章　成熟技艺

一、填空题

1. 高温下干烙上色，原因在于紧贴于锅底的__________水解出的低分子糖类发生__________反应。

2. 成熟技艺包括__________、蒸、__________、__________、__________、__________、炒等方法。

3. 面点中的汤点也称为水碗。水碗有__________和__________之分。

4. 蒸制品的成熟是由蒸锅内的蒸汽__________和__________所决定的。

5. 在一个标准大气压下，水的沸腾温度是__________℃，气压越高，水的沸腾温度就越__________，热的传递也越__________。

6. 油温过高，炸制的成品色泽易__________，外__________内__________，并且会产生__________等对人体危害较大的毒性物质，危害人体的健康。

7. 起蜂巢的制品如__________、莲子蓉角、__________等，成形前应__________。

8. 煎和炸是两种不同的传热方法，它们的区别主要在于__________和__________。

9. 煎制法中排放生坯入锅较好的方法是从__________向__________排列，从__________到__________。

10. 煎可分为__________和__________两种。

11. 烤炉的火候一般分为旺火、__________、__________、__________和小火几种。

12. 刷油烙多用于__________的制作。它是先在金属锅内__________，待油热时将饼坯下锅，烙制过程每翻动一次均要__________，反复烙熟。

13. 烤制品的特点是色泽__________，形态__________，口味较香，外__________内松软或外绵软而富有弹性。

14. 烤蛋糕要使用__________火，入炉后较高的温度令糕体内的气体受热__________，使外形迅速稳定。由于蛋糕是疏松起发制品，所以其热量的传导较__________，以成熟后保持一定的__________性为佳。

15. 多数的酥饼类面点在入烤炉加温前，均需涂上一层蛋液，使制品更容易__________。但所涂蛋液不可过厚，否则会使制品的__________。

16. 对含油量少或含糖量多的制品来说，烤盘一定要抹上一层__________，以免粘底，影响制品的__________和__________。

17. 层酥面点的水分挥发较多，从而形成酥、__________、__________的质感。

18. 为了保证炸制成品的质量，必须根据面点的大小、__________、__________来控制炸制时间。

二、判断题

1. 煮制法的技术要点是煮锅内的水量要少，汤要清。（　）

2. 淀粉在 65 ℃以上才能吸水膨胀和糊化。（　）

3. 生坯生馅或生坯皮厚的面点煮制时间应长一些，以保证制品的成熟度。（　）

4. 蒸制包子时水温在 90 ℃即可上笼加温。（　）

5. 一般来说，蒸制面点要求旺火足汽蒸制，中途不能断汽或减少汽量，更不可揭盖。（　）

6. 筋性化学膨松面坯的品种宜用温油炸制，而层酥类的品种则宜用热油炸制。（　）

7. 一般情况下，炸制时油和生坯的比例以 2∶1 为宜。（　）

8. 煎制时，为使生坯受热均匀，要经常移动锅位或移动生坯位置，防止着色不匀或发黑。（　）

9. 油煎多用于饼类，如酥饼、油丝饼等，其成品两面呈金黄色、口感香脆。（　）

10. 含油量少或含糖量多的制品烤制时，烤盘不能抹油。（　）

11. 面点的烘烤基本上都采用“先高后低”的烤制方法。（　）

12. 烤月饼时需用 160 ℃左右的炉温烤制。（　）

13. 烤蛋糕要使用中小火，入炉后较高的温度会令糕体内的气体受热膨胀。（　）

14. 烙制法成熟的原理与烤制法和煎制法相似，主要是利用金属直接传导热量，使生坯成熟。（　）

15. 加水烙是在干烙的基础上加水，加水要求多加，一次加够。（　）

16. 在煮制过程中，煮锅的水量应比制品量多出 10 倍以上，使生坯受热均匀、不粘连。（　）

17. 生物膨松面团制品成形后，一般适宜先饧发一段时间。（　）

18. 煎时一般用中火与小火结合的方式加热。（　）

19. 水油煎一般不需要加盖，要掌握好加水量。（　）

三、选择题

1. 属于清汤类的咸水碗的是（ ）。
A. 水饺 B. 杏仁鲜奶露 C. 三鲜冬瓜露 D. 瑶柱鸡茸粥

2. 当生坯中心温度达（ ）℃以上时，蛋白质完全变性凝固。
A. 90 B. 80 C. 70 D. 60

3.（ ）下锅，可使生坯脱落沉淀的淀粉减少，从而保持水质清而不浑。
A. 沸水 B. 热水 C. 凉水 D. 温水

4. 在蒸制点心时应注意掌握火候，一般以（ ）蒸制为宜。
A. 小火 B. 中火 C. 中小火 D. 旺火

5. 蒸锅内的水量要保持（ ）成满为佳。
A. 3 ~ 4 B. 5 ~ 6 C. 7 ~ 8 D. 4 ~ 5

6. 如果使用植物油，则要熟后才能用于炸制，否则会带有（ ）。
A. 蛤蜊味 B. 生油味 C. 霉味 D. 香味

7. 加水烙是在干烙的基础上加水，但加水时要先加在金属锅温度（ ）的地方。
A. 最高 B. 最低 C. 适中 D. 无特殊要求

8. 通常面点烘烤的炉温为（ ）℃。
A. 200 ~ 230 B. 150 ~ 180 C. 160 ~ 190 D. 230 ~ 260

9. 当生坯温度较高时，在（ ）的作用下淀粉会发生水解。
A. 水 B. 碱 C. 淀粉酶 D. 油

10. 淀粉糊化后进入（ ）阶段，逐渐形成一层带有脆质的外皮。
A. 脱水 B. 分解 C. 变性 D. 膨胀

11. 烘烤类面点香气的形成是因为（ ）。
A. 香料的使用
B. 蛋白质的变性，部分氨基酸挥发
C. 糖的焦糖化反应
D. 油脂中具有挥发性和低沸点的物质溢出

四、名词解释

1. 煮

2. 蒸

3. 炸

4. 煎

5. 烤

6. 烙

7. 干烙

8. 加水烙

9. 炒

10. 刷油烙

五、简答题

1. 成熟的意义是什么?

2. 简述煮制法成熟的原理。

3. 煮制法有哪些技术要点?

4. 简述蒸制法成熟的原理。

5. 为什么生物膨松面团制品蒸制前要饧发一段时间?

6. 为什么炸制食品要严格控制油温?

7. 简述炸制法成熟的原理。

8. 简述炸制法的技术要点。

9. 简述煎制法成熟的原理。

10. 简述烤制法成熟的原理。

11. 简述烙制法成熟的原理。

12. 简述烙制法的技术要点。

13. 简述炒制法成熟的原理。

14. 简述炒制法的技术要点。

15. 采用炸制法时为什么要注意油质清洁?

16. 谈谈成熟在面点加工中的作用。

17. 如何保持水锅“沸而不腾”？

六、实训题

制作“鲜虾荷叶饭”。

1. 谈谈成品对荷叶的要求。

2. 谈谈对火候和加热时间的要求。

第六章　面点的组合运用

一、填空题

1. 面点的组配工作不仅是对品种和数量的搭配，而且是对面点的色、__________、__________、__________及盛器具等进行最合理有效的优化搭配。

2. 面点组合运用的形式有很多，以宴席面点、__________、__________、季节点心、__________、会议点心等的组合运用较具代表性。

3. 宴席面点的多样性表现在口味多样，要求__________搭配、__________搭配、__________、__________、干稀搭配等。

4. 全席面点一般由点心拼盘、__________、__________、__________、水果等组成。

5. 全席面点设计订单时的主要参照因素有主办者意图和要求，整席的__________、__________，民族习俗和习惯特点，__________，厨师技术力量和设备条件等。

6. 全席面点一般是按__________、咸点、__________、__________、水果的次序上菜。

7. "冬厚、夏__________、春__________，夏__________、秋辣、冬__________"是指人们的口味与进食内容依季节不同而异。

8. 在普通宴席中，冷盘约占__________%，热炒大菜约占__________%，面点约占__________%。

二、判断题

1. 面点与宴会规格应保持一致，高档宴会一般配 4 ~ 6 道面点，普通便宴配 2 ~ 4 道面点；高档宴会配花色面点多些，低档宴会配花色面点少些。（　　）

2. 中档宴席冷盘约占 12%，热炒大菜约占 75%，面点约占 13%。（　　）

3. 点心拼盘一般在客人未入席时上桌。（　　）

4. 茶市面点一般种类比较单调，但做工精细。（　　）

5. 夏季人们有喜食"肥美浓厚"食物的生理需求。（　　）

6. 面点应选择恰当的造型与形态，紧扣宴席的主题，衬托菜肴，美化席面。（　　）

7. 全席面点代表了面点组合运用的最高成就。 （　　）
8. 全席面点中不允许使用水果。 （　　）
9. 全席面点以甜点为主，咸点为辅。 （　　）
10. 面点宴席与普通宴席的上菜程序相反。 （　　）
11. 宴席面点选料要精细，烹调要独特。 （　　）
12. 茶市面点的茶点分量以小件为原则，切忌分量大。 （　　）

三、选择题

1. 宴席面点与宴会规格应保持一致，高档宴会一般配（　　）道面点。
A. 4 ~ 6　　B. 1 ~ 2　　C. 7 ~ 8　　D. 2 ~ 3
2. 在全席面点的组成配置中，汤羹、水果约占（　　）。
A. 10%　　B. 20%　　C. 30%　　D. 25%
3. 面点宴席最先上的是（　　）。
A. 咸点　　B. 甜点　　C. 汤羹　　D. 点心拼盘
4. 茶市面点的早点（　　）。
A. 以甜点居多　　B. 咸甜比例不定　　C. 以咸点居多　　D. 咸甜比例一致
5. 夏季人们喜食（　　）的食物。
A. 口味重　　B. 辛辣刺激　　C. 肥美浓厚　　D. 清淡爽口
6. 面点与菜肴的顺色或衬色配是指以菜肴的色（　　）。
A. 为主　　B. 为辅　　C. 为唯一色　　D. 无特殊要求
7. 宴席面点与菜肴花色配是指面点色与菜肴色（　　）。
A. 一致　　B. 统一　　C. 和谐　　D. 形成一定的反差
8. 茶点分量一般每件为（　　）克。
A. 20 ~ 40　　B. 100 ~ 200　　C. 40 ~ 60　　D. 50 ~ 80

四、名词解释

1. 面点组合

2. 宴席面点

3. 全席面点

4. 茶市面点

5. 季节点心

6. 星期点心

7. 会议点心

五、简答题

1. 面点组合有哪几方面的意义?

2. 简述宴席面点的特点。

3. 宴席面点的组合一般应遵循哪些原则?

4. 简述全席面点的特点。

5. 简述全席面点的组成配置比例。

6. 简述茶市面点的特点。

7. 简述季节点心的特点。

8. 简述星期点心的特点。

9. 简述宴席面点的配置要领。

10. 谈谈面点在婚宴中的运用。

11. 谈谈面点组合中色的搭配。